儿童编程
思维
训练书
零基础
学Scratch
[意] 阿尔贝托·贝尔托拉齐/文
[意] 萨科 [意] 瓦拉利诺/图
尉祎昕/译

U0378381

北京时代华文书局

目录

现在就开始编程吧！

在前面的两本书中，我们已经了解到：编程的规则其实和我们日常生活中的规则是十分相像的。

像素就如同我们在学校里常常使用到的笔记本上面的小方格。

指令程序更像菜谱：它会告诉你要使用哪些食材，首先要做什么，然后再做什么。

流程图能够以图示的形式将那些最简单不过的选择呈现在我们面前：如果我饿了，我就会打开冰箱，在里面找些东西给自己做一个小面包；如果我不饿，那么我就不会打开冰箱门。

语言则是一种把信息传递给他人的方式，它可以是任何一种形式：比如文字、数字、图画、香味。

那么现在我们就开始编程吧！让我们像程序员叔叔阿姨那样，利用计算机来敲响编程世界的大门！

但是在开始编程之前，我们还得再来复习一下那些我们已经学过的理论知识：没错，我指的就是除了游戏以外，编程世界里我们已经接触过的一些重要概念。

我们已经学到了些什么呢？

小朋友们，你们太棒了！在前面的两本书中，我们不但玩得开心，而且还学到了很多知识。

什么是像素以及如何使用像素来画画。

什么是流程图以及流程图的功能。

分辨哪些事情是真的，哪些事情是假的。

什么是命令和指令。

找出错误和区别。

既然我们已经了解了关于编程的几个最为重要的原则，那么现在我们就可以进行更深一步的学习了！

什么是二进制。

明白事情的先后顺序。

减少细节上面的问题。

如何找到最短的路径。

如何理解并且创造一种语言。

我们将要学习什么呢？

在本书中，我们将会结识一位新朋友：SCRATCH

有了它，我们将发现积木式编程的奥秘。

我们还将学习如何使用动作和声音。

我们还会知道什么是舞台和角色。
SCRATCH
而且我们还将会在计算机上进行编程！

为什么是Scratch呢？

按照正确的顺序编写指令是编程过程中最为重要的一个部分。

专业的程序员在编写指令时会使用语言和特殊的代码。

举个例子：这就是一张写有一些指令的计算机屏幕截图。这些指令可以让一串香蕉在屏幕上沿着虚线所示路线完整地移动一圈。

0 点击小旗子的按钮
1 向前移动100步
2 等待1秒
3 旋转90度
4 等待1秒
5 向前移动100步
6 等待1秒
7 旋转90度
8 等待1秒
9 向前移动100步
10 等待1秒
11 旋转90度
12 等待1秒
13 向前移动100步
14 等待1秒
15 旋转90度
16 等待1秒
17 停止！

那么我们能不能使用图形来代替上面的文字和代码呢？这会不会让编程的过程变得更有趣一点呢？答案是肯定的：我们只需要利用图形化编码就可以做到了。所谓的图形化编码其实就是一种编程“语言”，它可以创造出同时包含文字和图形的指令。

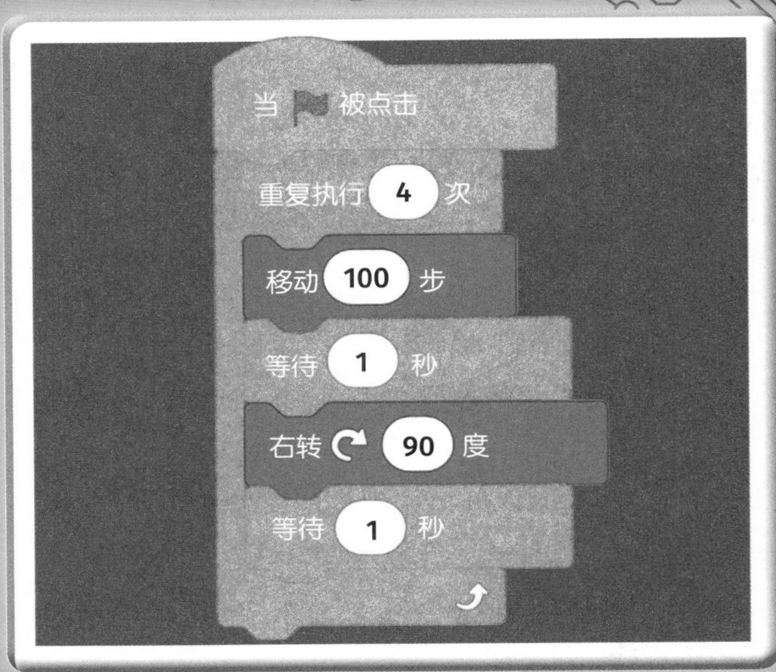

你看，这是一张计算机屏幕截图，显示了一条利用图形化编码程序完成的让香蕉移动的指令。

这种编程类型也被叫作“积木式编程”，因为它的每一个指令看上去就好像一块积木，它就好比我们在建造高楼大厦时所使用到的砖头！而有一种操作起来十分简单的游戏编程软件就用到了这种“积木式编程”：它就是我们刚刚和你提到过的SCRATCH。我们可以向你保证，它一定非常有趣！

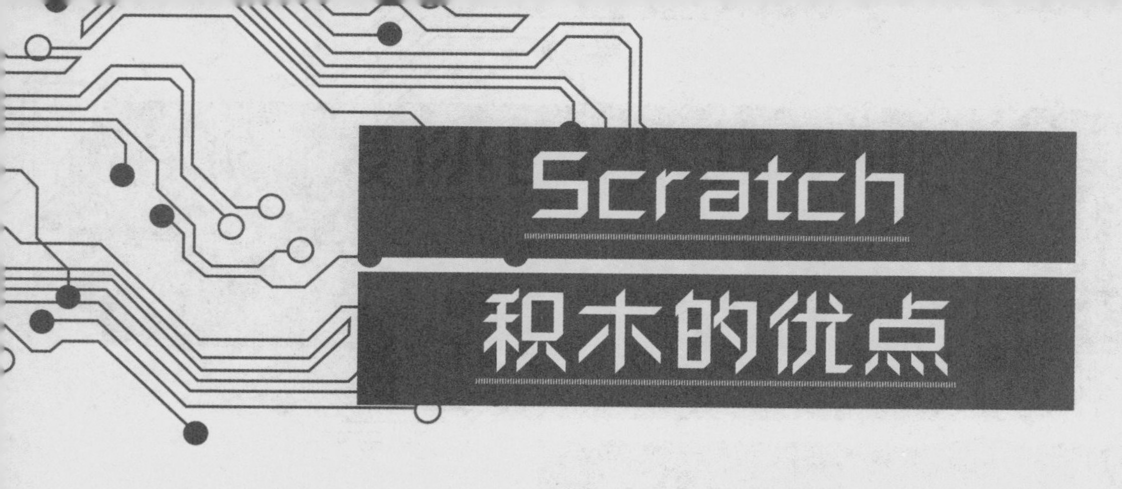

Scratch积木的优点

Scratch的积木式编程帮助它获得了巨大的成功。

那么它成功背后的原因又有哪些呢？

它很简单！

我们不用亲自编写指令，因为它都是现成的！

它是直观的！

你很快就可以掌握它的使用方法！

它很好玩！

当我们在移动指令积木时，就好像在玩搭积木的游戏！

它是快速的！

它的安装过程并不复杂，只需要点击一下鼠标就完成了！

它是免费的！

我们不需要支付任何订阅费或者许可证费用！

它很有教育意义！

你既能学习编程，还能学习如何使用计算机！

特别值得注意的一点是，积木的出现也并不全是为了替代指令：事实上，在很多积木中，都存在着可以容纳有用信息的空间，这可以帮助程序更好地运行。比如，我们需要让猫（或者香蕉）移动多少步，或者让它旋转多少度，又或者需要重复多少次相同的操作，等等。因此，积木要求你必须要想清楚那些你想要做的事，而这也正是一个专业的程序员需要完成的首要任务！

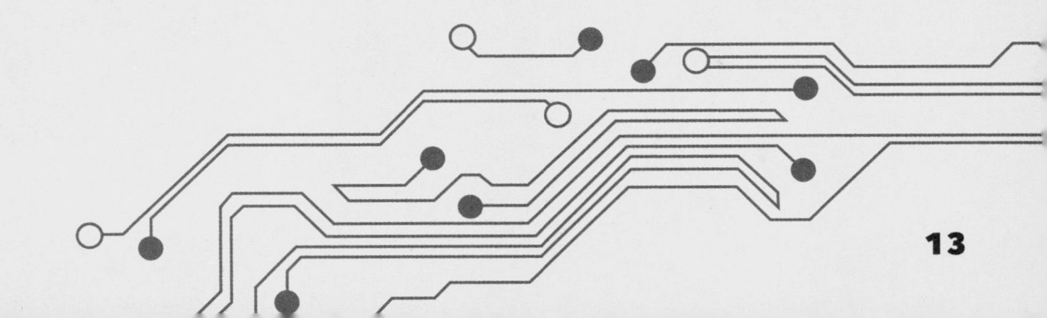

计算机上的Scratch程序

要想启动Scratch程序，你需要一台计算机和一个安装程序。你知道什么是安装程序吗？安装程序是一种电脑软件，它可以将程序安装在你的计算机上。你需要下载并运行安装程序，然后按照向导提示进行操作，这样就可以完成程序的安装。

接下来，请你为你的计算机安装上Scratch程序吧，然后我们就可以一起开始了解并使用它的入门教程：它非常简单，我们相信你很快就能用它来制作一些小游戏和动画片了！

注意，Scratch程序有不同的版本，界面会有差别，但总体操作步骤是相同的。

入门选项

在程序的上方，有一些可以帮助你开始使用Scratch的选项。

文件：可以新建作品、从电脑中打开一个作品或把作品保存到电脑上。

编辑：选择打开或关闭加速模式。

教程：内置一些基本介绍和操作。

Scratch的操作界面

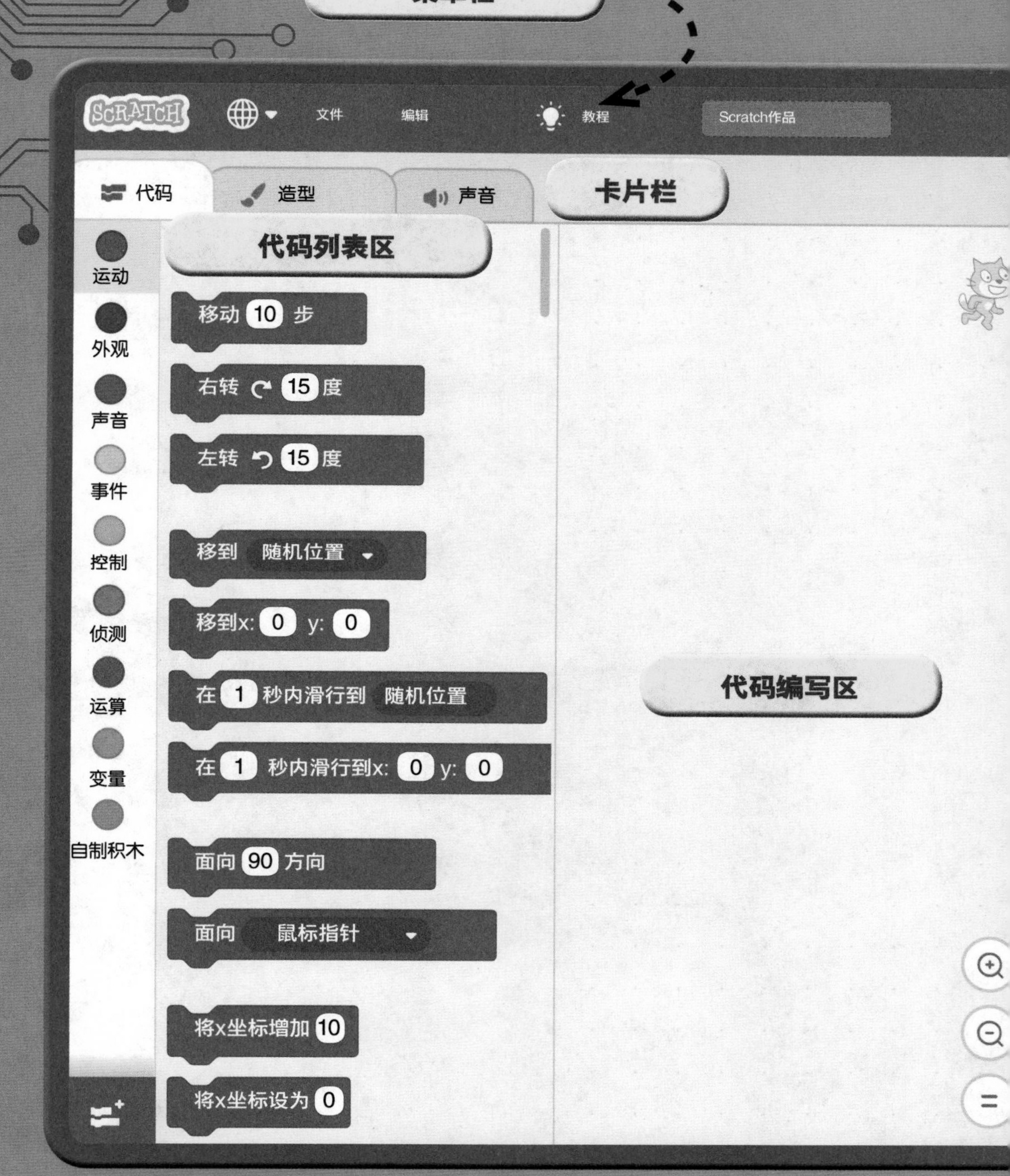

当你创建一个新的项目时，你会看到这个Scratch的操作界面。它是由几个不同的工作区域组成的，其中，最重要的几个区域是舞台区、代码编写区、代码列表区、角色列表区和背景列表区。

在界面的最上方，有一个水平菜单栏。菜单栏的下方就是显示角色资料的卡片栏、播放/停止按钮和显示模式的按钮。

代码列表

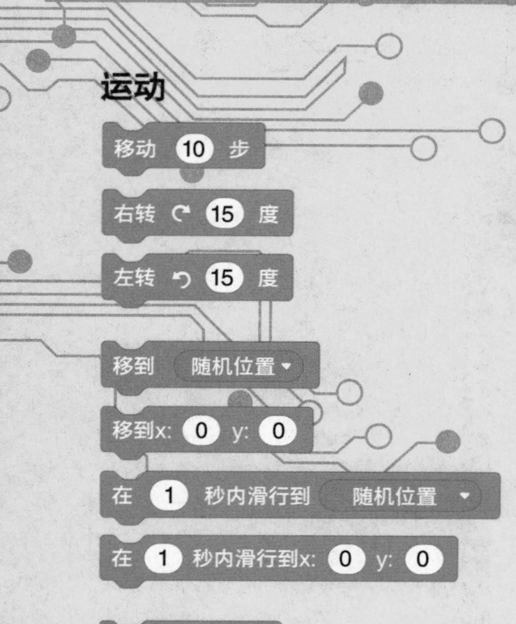

运动

- 移动 10 步
- 右转 ↻ 15 度
- 左转 ↺ 15 度
- 移到 随机位置
- 移到x: 0 y: 0
- 在 1 秒内滑行到 随机位置
- 在 1 秒内滑行到x: 0 y: 0
- 面向 90 方向
- 面向 鼠标指针
- 将x坐标增加 10
- 将x坐标设为 0
- 将y坐标增加 10
- 将y坐标设为 0
- 碰到边缘就反弹
- 将旋转方式设为 左右翻转
- X坐标
- Y坐标
- 方向

外观

- 说 你好! 2 秒
- 说 你好!
- 思考 嗯…… 2 秒
- 思考 嗯……
- 换成 造型2 造型
- 下一个造型
- 换成 背景1 背景
- 下一个背景
- 将大小增加 10
- 将大小设为 100
- 将 颜色 特效增加 25
- 将 颜色 特效设为 0
- 清除图形特效
- 显示
- 隐藏
- 移到最 前面
- 前移 1 层
- 造型 编号
- 背景 编号
- 大小

声音

- 播放声音 喵 等待播完
- 播放声音 喵
- 停止所有声音
- 将 音调 音效增加 10
- 将 音调 音效设为 100
- 清除音效
- 将音量增加 −10
- 将音量设为 100%
- 音量

事件

- 当 🏴 被点击
- 当按下 空格 键
- 当角色被点击
- 当背景换成 背景1
- 当 响度 > 10
- 当接收到 消息1
- 广播 消息1
- 广播 消息1 并等待

代码也被叫作脚本，它们虽然只是一些小程序，却足以改变我们作品的行为、外观和状态。在Scratch中，“积木”就是代码，你只需要拖动它们就能把它们连接在一起。根据每种代码功能的不同，我们把它们分成了几个小组。在代码列表的左侧，有一竖列彩色的小球（每个小球都代表了一种类型的代码），点击小球，我们就能看到所有属于那一种代码类型的积木。

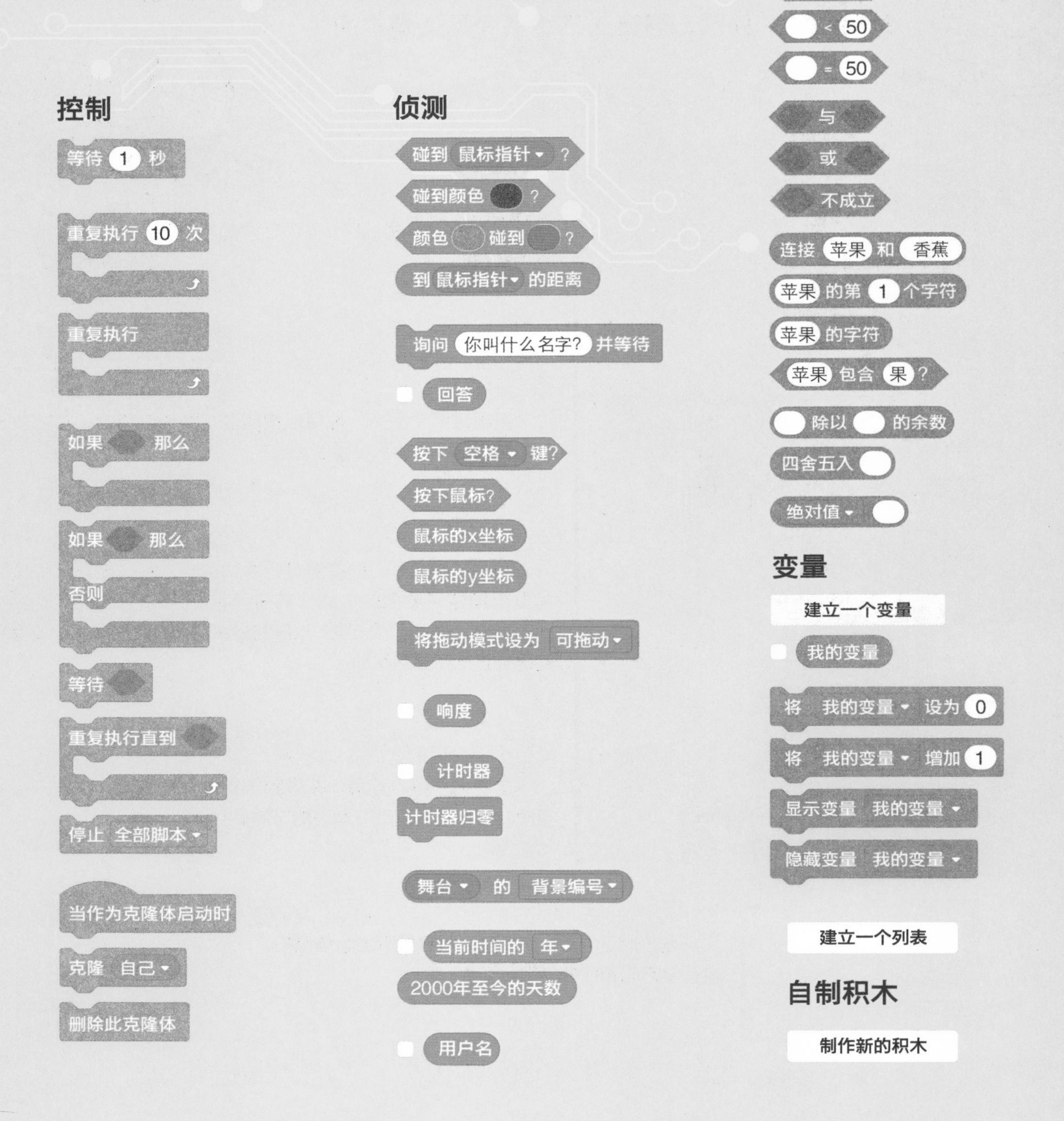

运动、外观、声音

现在就让我们好好地了解一下Scratch提供给我们的代码吧！针对运动、外观、声音的三组指令是最基本的。

移动 10 步
右转 ↻ 15 度
左转 ↺ 15 度
移到 随机位置
移到x: 0 y: 0

使用这些指令，你可以快速移动。

在 1 秒内滑行到 随机位置
在 1 秒内滑行到x: 0 y: 0

使用这两个指令，你可以按照指定的速度移动（在秒前面的空白区域里输入数字）。

面向 90 方向
面向 鼠标指针
将x坐标增加 10
将x坐标设为 0
将y坐标增加 10
将y坐标设为 0

有了这些指令，你就能进行准确的移动啦。你可以用鼠标指出角色需要到的位置，或者直接写出该位置的精确坐标。另外，你千万要记住：x指的是水平方向上的移动，y指的是竖直方向上的移动。

碰到边缘就反弹
将旋转方式设为 左右翻转

这些指令可以让角色在碰到边缘时向后反弹，此外，利用旋转，你还可以改变角色的方向。

X坐标
Y坐标
方向

点选这三种指令，舞台上就会显示出与角色的位置及方向相关的信息。

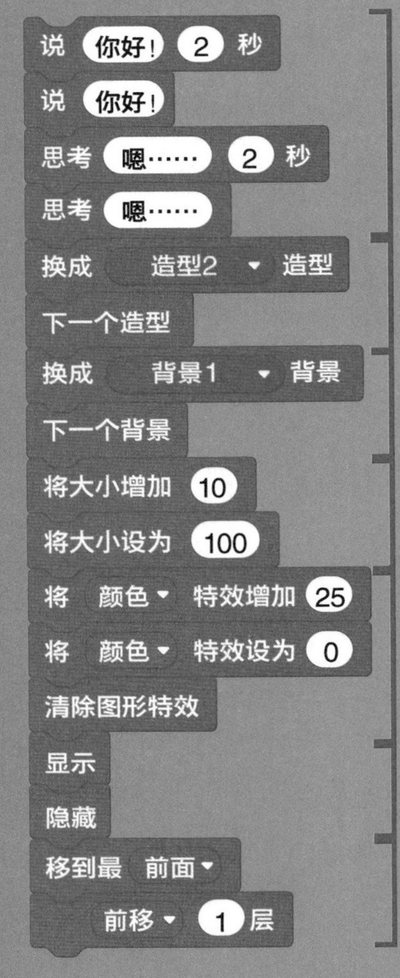

使用这些指令，在靠近角色的位置就会出现包含词语或者句子的泡泡框。

有了这两个指令，你就能给角色换造型啦。

有了这两个指令，你就能给舞台换背景啦。

这两个指令可以改变角色的大小。

使用这些指令，你可以给角色增添或者清除图形特效（颜色、亮度等）。

这两个指令可以让角色消失或者重新出现。

使用这两个指令，你可以将角色移动到其他物体的前面或者后面。

造型 编号

背景 编号

大小

点选这三种指令，舞台上就会显示出与角色的造型、大小及背景相关的信息。

播放声音 喵 等待播完

播放声音 喵

停止所有声音

使用这些指令，你可以在前面指令的基础上播放或者停止声音。

将 音调 音效增加 10

将 音调 音效设为 100

清除音效

使用这些指令，你可以给已播放的声音增添或者清除特殊的音效。

将音量增加 -10

将音量设为 100%

这两种指令能够改变声音的大小。

事件、控制、侦测

针对事件、控制、侦测的三组指令，决定你的动画是否可以自动动起来的核心与关键。

当 🏳 被点击

当按下 空格▾ 键

当角色被点击

当背景换成 背景1 ▾

当 响度▾ > 10

当接收到 消息1▾

广播 消息1▾

广播 消息1▾ 并等待

有了这些指令，你就可以决定什么时候让动画开始了。正如你看到的那样，它们既可以是手动指令（比如当这个代码被点击），也可以是自动指令（在发生某个事件时程序会自动执行，比如当背景换成某个指令）。

使用这些指令，你可以让人物和物体之间产生交流。

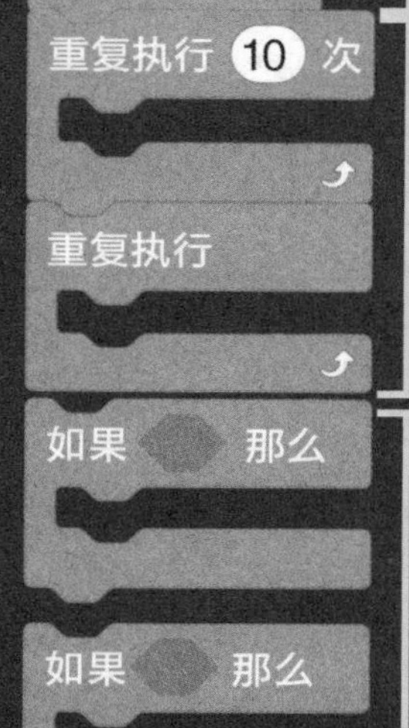

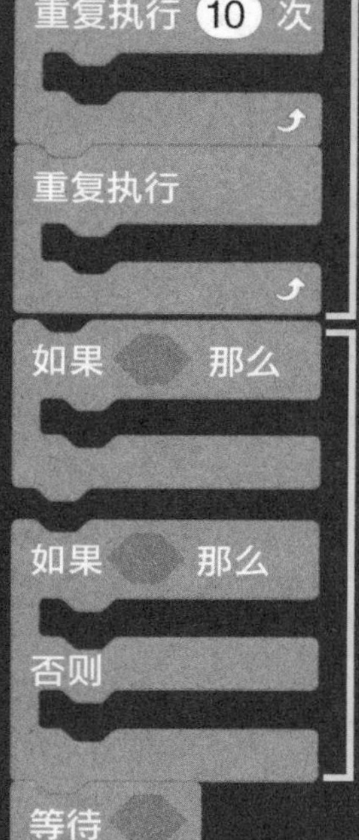

有了这个指令，你就可以决定下一个指令要延迟多久再开始了。

这两个指令可以让连在一起的积木堆重复执行某一动作（它们可以无限循环或者只循环空白区域内所填写的次数）。

有了这两个指令，你就能够创造出一个或者多个让指令开始执行的条件。

使用这个指令，你可以决定下一个指令在什么时候开始。

使用这个指令，你可以决定指令的重复在什么时候结束。

停止 全部脚本▾

使用这个指令，你可以停止全部或者部分程序的执行。

当作为克隆体启动时

克隆 自己▾

删除此克隆体

使用这些指令，你可以管理克隆体，并在创作个性化的程序时用上它们。

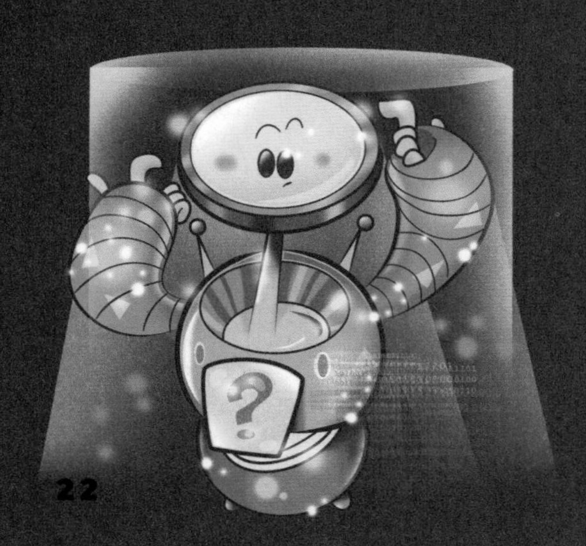

碰到 鼠标指针 ?

碰到颜色 ?

颜色 碰到 ?

到 鼠标指针 的距离

这些侦测器可以让你在某些特定条件下激活一种指令。

询问 你叫什么名字? 并等待

回答

使用这两个侦测器，你可以构成一个循环：当一个问题出现在舞台上时，只有回答出正确的答案，指令才能被激活。

按下 空格 键?

按下鼠标?

这两个侦测器的作用是：只有在敲击键盘的某个按键或者点击鼠标时，指令才能被激活。

鼠标的x坐标

鼠标的y坐标

这两个侦测器的作用是：只有当人物到达了舞台上的某一位置时，指令才能被激活。

将拖动模式设为 可拖动

使用这个侦测器，你可以打开或者关闭角色的拖动模式。

响度

计时器

这两个侦测器可以让你设置麦克风的响度以及启动计时器。

计时器归零

有了这个侦测器，你就可以将计时器归零了。

舞台 的 背景编号

有了这个侦测器，你不但可以使用舞台的背景编号和背景名称，还可以使用指令里的音量或者变量。

当前时间的 年

有了这个侦测器，你就可以知道日期和时间了。

用户名

这个侦测器可以让你使用当前用户的信息。

运算、变量和自制积木

这些是几组更高级的代码。如果你能在创作动画作品时用到它们，那你的编程水平就快赶上一个专业的程序员了！

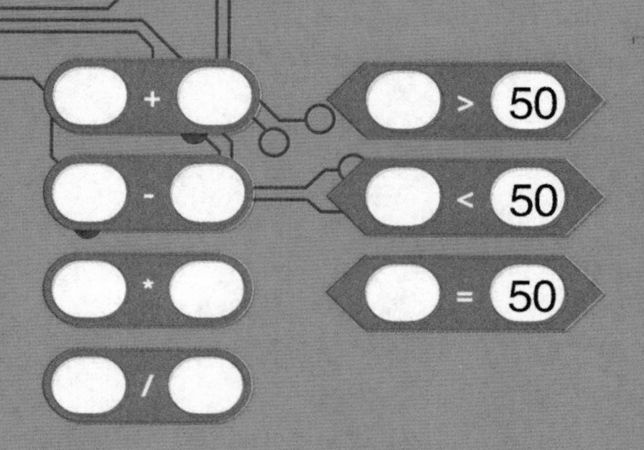

在使用这些运算时，你需要根据它们的形状，将它们拖动到大小合适的积木中。这些都是一些基本的数学运算，有了它们，你就可以让一个动作，只有在其数值大于（小于或等于）某一数字时，才开始执行。你将会在练习6的作品中看到这些运算的应用。

在 1 和 10 之间取随机数

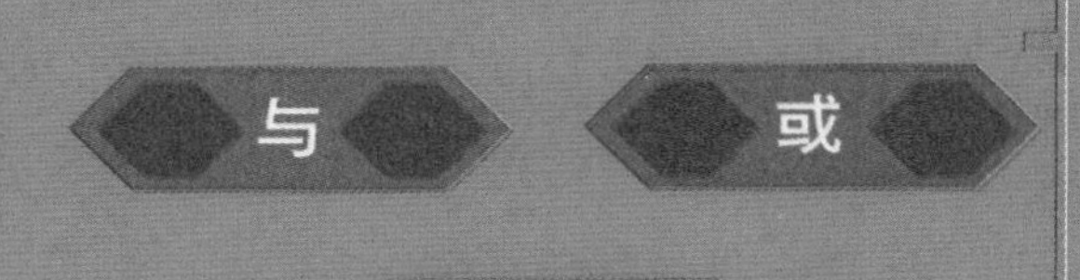

不成立

这些是逻辑运算：它们可以用来创造让某一动作开始执行的条件（比如，当两个事件同时发生时）。

连接 苹果 和 香蕉

苹果 的第 1 个字符

苹果 的字符

苹果 包含 果 ？

这些是文本运算：它们可以利用字符和单词，创造出让某一动作开始执行的条件。

除以 的余数

四舍五入

绝对值 ▾

这是一些其他的数学运算，运用起来相对比较困难：你必须要学习更多的数学知识，才能运用它们！

建立一个变量

有了这个按钮，你就可以创建一个自定义变量了。

我的变量

点选这个按钮，你就可以在屏幕上看到你所建立的自定义变量了。

将 我的变量 设为 0

将 我的变量 增加 1

显示变量 我的变量

隐藏变量 我的变量

有了这些按钮，你就可以在你的程序内部使用并管理这些自定义变量了。它们其实只是一些简单的计算器，和你在玩游戏时用来计分的道具一样。你将会在练习4和练习6里用到它们当中的一个。

建立一个列表

自制积木

制作新的积木

在这一部分里，你可以创建并保存下来一些你自己设计的积木。当然，只有在你已经反复使用过多次现有的积木后，你才有机会用到这个指令。

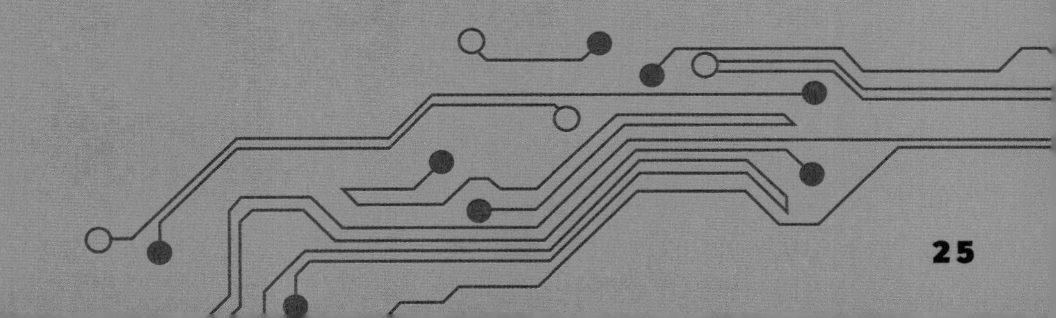

角色和舞台

角色和舞台指的其实就是出现在动画中的人物和背景。

下图中的白色区域就是我们的角色列表区。你可以用它进行以下操作。

- 更改角色的名字
- 输入横坐标（x）和纵坐标（y）的数值以改变角色的位置，改变角色的大小（100代表着系统为角色设定的原始大小，小于100角色会变小，大于100角色会变大）
- 改变方向（90代表着朝向前方，-90代表着朝向后方）
- 显示或隐藏角色

角色列表区的旁边是舞台列表区。在小长方形里显示的是当前背景的缩小图，而在舞台列表区的下方也有一个可以帮助你完成一些重要操作的图形菜单。

图形菜单将会帮助你完成一些重要的操作。

当你点击一个角色时，你可以查看一下屏幕左上方的三个卡片栏。第一个卡片栏包含了所有可以让你的角色动起来的代码。第二个卡片栏可以让你看到你的角色都拥有哪些造型，并进行换装。

正如你在上面这张插图中所看到的那样，造型栏中还有一些可供你使用的绘图和修改工具，有了它们，你就可以对角色的部分内容进行修改、删除和上色，这样一来你的角色就能更加适合整个动画啦！

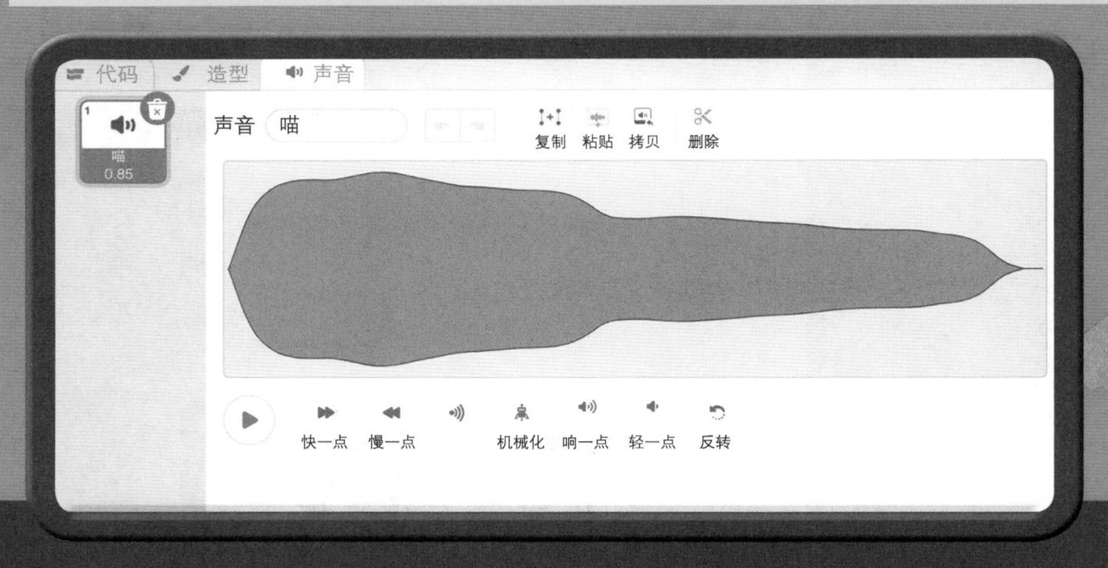

第三个卡片栏能让你看到你的角色都可以发出哪些声音。比如，我们的小猫可以发出猫叫！另外，在声音栏中，你也可以使用Scratch为你提供的工具来对声音进行修改。

动起来的字母

练习
1

你想用一种更加有趣的方式来拼一个单词吗？这是一个非常简单的和字母有关的小游戏。

游戏的最初，字母位于舞台的四个角。

当你点击小绿旗时，字母就会像这样移动！

我们要做的第一步是选择背景，也就是选择舞台：你需要进入舞台列表区，点击这个带“+”的按钮。

第二步是选择字母。你必须进入角色列表区，然后点击这个带“+”的按钮。

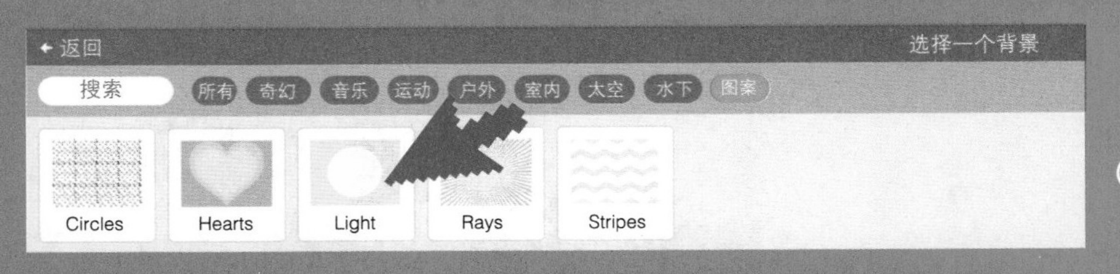

选择这个名为Light（光）的背景。

然后进入字母分类表，选择那些组成英文单词HOME（家）的字母。

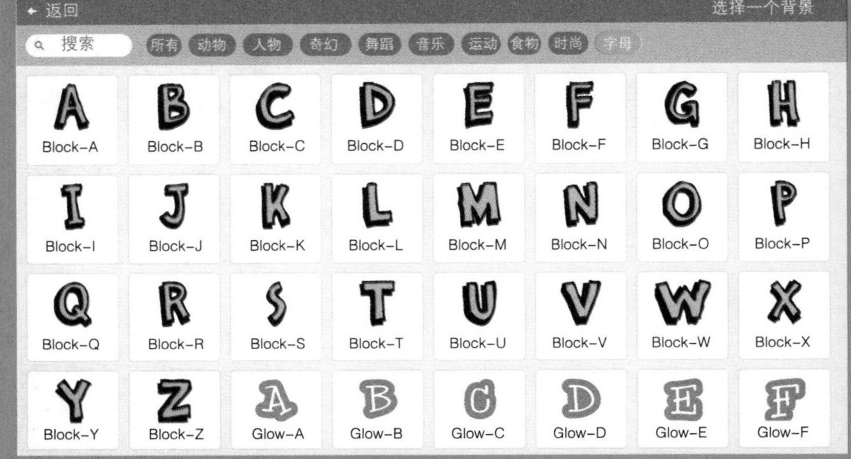

接下来，对于每个字母，你都需要将三种积木拖动到代码编写区，它们分别是：
当被点击、等待和滑行。

如图所示，对于四个字母我们所选择的积木是一样的，但是我们需要稍微改动一下等待和积木滑行坐标中的数值。使用下图中的数值试试看吧！

谁跑得更快？

练习 2

让我们一起帮助小猫坐上公交车吧！另外，我们还将看到如何使用造型！

小猫必须要坐上公交车。一开始，小猫位于舞台的最左侧，公交车位于舞台的最右侧。

当你按下键盘上的空格键时，公交车会开始缓慢地移动，而小猫则开始快速地向右飞奔。你要注意看：当小猫在奔跑时，它的外观会发生变化，这让它看上去就好像正在“移动”自己的爪子一样！

最后，小猫会追上公交车，而公交车则会在驶出舞台前成功停下来。

1 首先，点击角色按钮。

2 选择City Bus（市区公交车）。

3 然后，再次点击角色按钮，进入角色列表，选择Cat（小猫）。如果你把鼠标放在小猫的图像上，你会看到它在变换外观：这两种不同的图形就是我们所说的造型。

4 接着，点击背景按钮，并选择一个名为Night City with Street（城市夜景和街道）的背景。

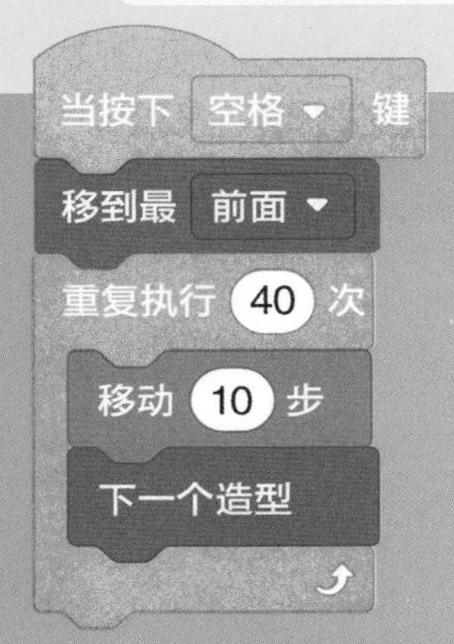

当按下 空格 键

在 2 秒内滑行到 x: 259 y: -35

这些就是应用在Cat身上的代码。第一个代码可以让你在按下空格键时让小猫跑起来。“移到最前面”代码确保小猫不会被公交车遮挡。“移动10步”代码用来让小猫向右移动。这里，你需要根据小猫的起始位置，改变它移动的步数。而“下一个造型”代码则被用来改变小猫的外观。至于“重复执行40次”代码，则被用来制造小猫正在奔跑的假象。

这些就是应用在City Bus上的代码。第一个代码可以让你在按下空格键时让公交车动起来。

“在2秒内滑行到x:259，y:-35”，代码可以让公交车向你想要它移动的方向移动。你输入的秒数值越大，公交车的移动就越缓慢。如果你并不知道公交车所要到达位置的横坐标和纵坐标，那你只需要在将这个代码添加到代码序列前，将公交车手动移动到你想要让它停下的位置上就好了。

来玩捉迷藏吧！

练习 3

我们的小鸡首先要藏起来，然后再去吃碗里的食物！

我们的小鸡很喜欢捉迷藏：它现在正站在一块岩石上呢！

然后，当我们按下键盘上的左移键时，小鸡就会藏到岩石的后面。那如果我们按下键盘上的右移键呢？

我们的小鸡就会重新出现在碗的旁边，并且开始吃碗里的食物！

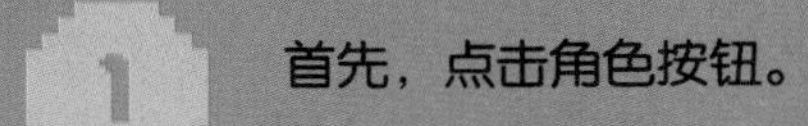

1 首先，点击角色按钮。

3 然后再选择Rocks（岩石）。

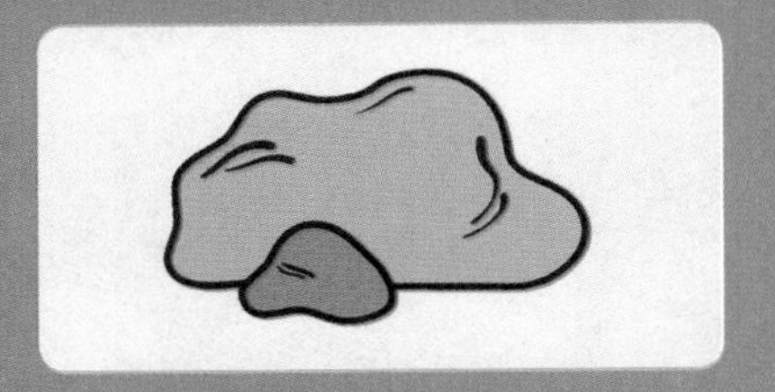

2 选择Bowl（碗）。

4 接着，返回角色列表，并选择Chick（小鸡）。

如果你把鼠标放在小鸡的图像上，你会看到它在变换外观。这些就是小鸡拥有的不同的造型。

这些就是应用在小鸡身上的代码。

当你按下右移键时，第一个序列就会启动，小鸡会出现在碗的旁边，1秒钟后，它便开始吃碗里的食物。而从“重复执行10次”指令开始，到来回更换A造型到C造型，以及插在两者中间的“等待0.5秒”，这些都是让小鸡完成进食动作的代码。

当你按下左移键时，第二个序列就会启动，这时小鸡会回到岩石上，而2秒钟后，它就会从舞台上消失了。

棒球

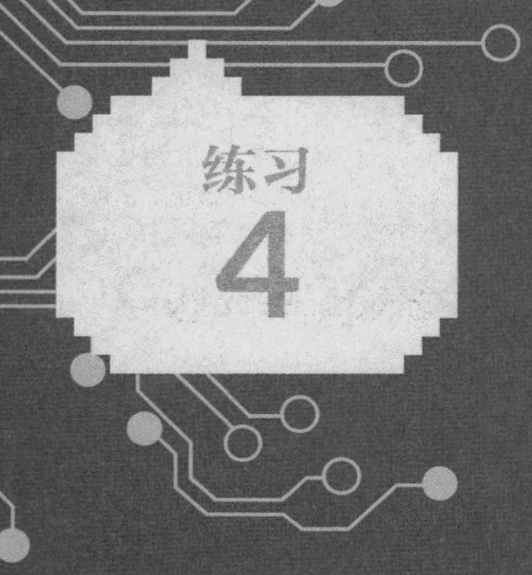

棒球会不断地从天上掉下来，而你必须在一瞬间将它们挨个抓住！

这是一款非常有趣的小游戏，这种有趣不仅体现在我们为它编程的过程中，还体现在我们游戏的过程中！它的游戏方法是这样的：从画面的上方会随机掉落许多棒球，而在画面的下方，则有一个会移动的棒球手套，它试图抓住所有的棒球。

我们可以使用键盘上的左移键和右移键来移动棒球手套。

当我们获得的总分达到了50分时，画面左上方的计分器就会重新归零。

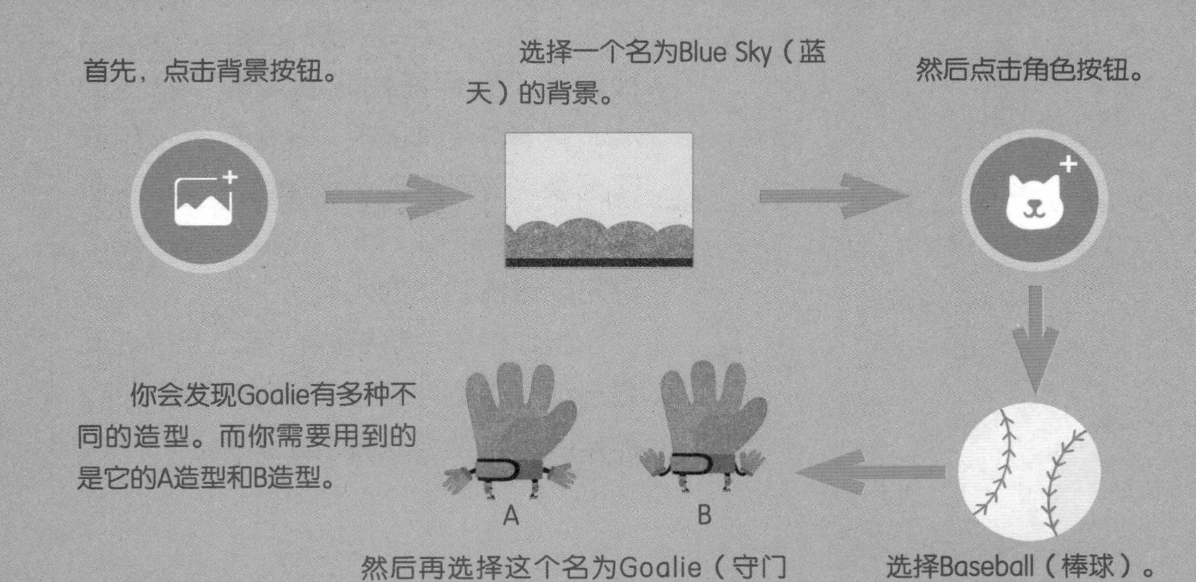

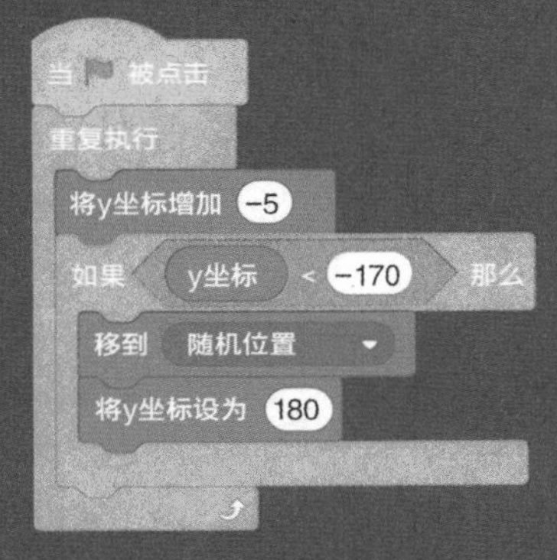

这些就是应用在棒球上的代码：左边的代码可以让棒球从一个随机位置掉落。

值得注意的是，你必须用到逻辑运算：如果……那么……

右边的代码则可以让程序在棒球碰到Goalie时，自动执行三个动作：发出示意棒球被抓住的声音，分数增加1分，以及掉落另外一个棒球。

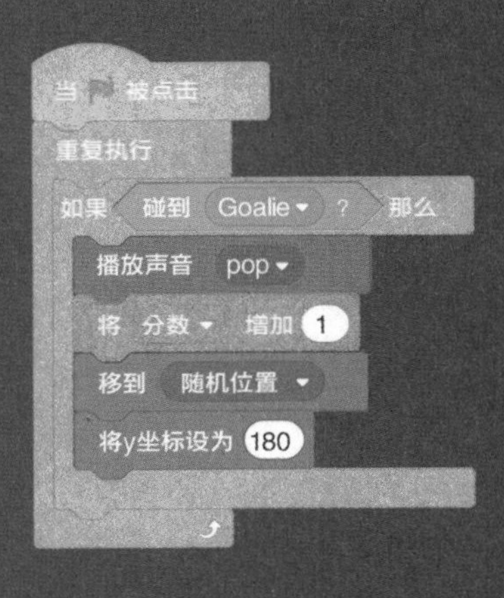

值得注意的是，这里的分数，是一个需要你自己去建立的变量。点击代码列表，选择变量，点击建立一个变量，然后填写出现在屏幕上的表格，并为新变量取名为分数。

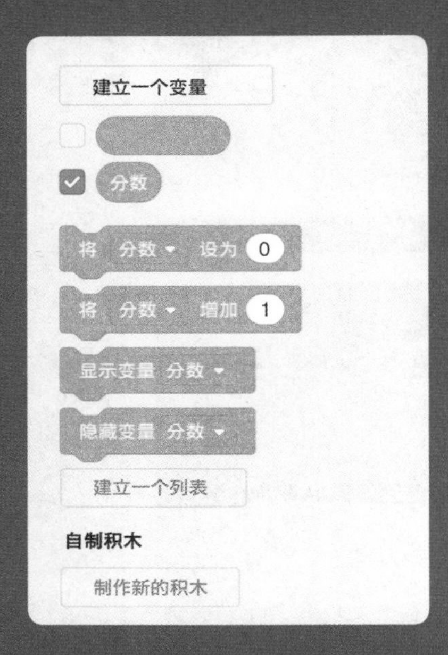

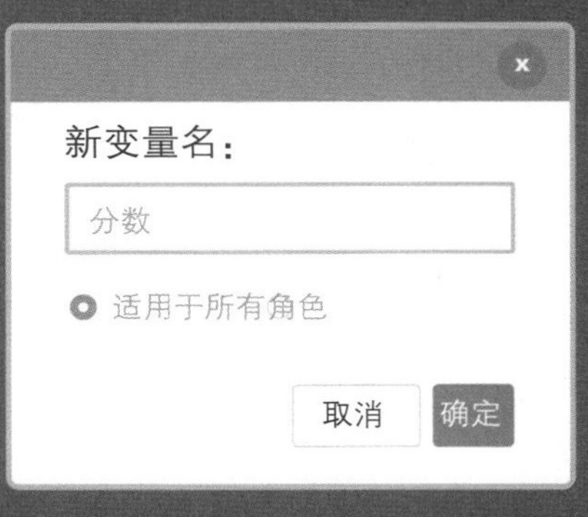

这些就是应用在棒球上的代码，它们可以让分数重新归零。如图所示。你可以改变玩家所需要达到的分数！

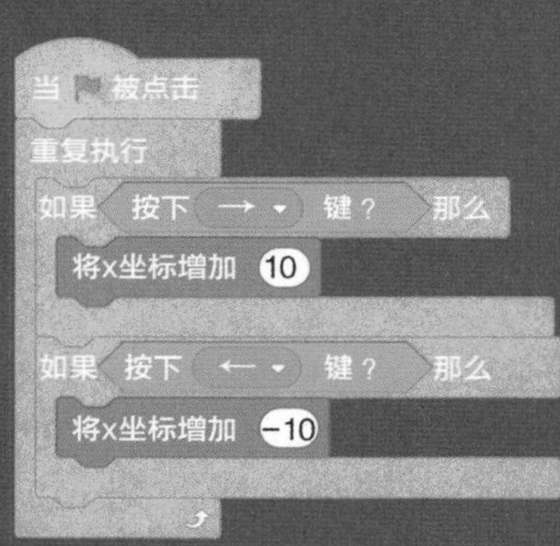

这些就是应用在Goalie上的代码。左边的代码可以在你按下右移键和左移键时，让Goalie动起来。

右边的代码则可以在Goalie碰到棒球时，变换Goalie的造型，让它从造型A变为造型B。

创作一个小故事

既然Scratch猫爱好散步，那么你就陪它一起去完成一次旅行吧！在这个过程中，你会走过许多不同的场景，遇到一些奇怪的人物。

第一个背景是小猫的房间，而我们的徒步之旅也将从这里开始。

在某一时刻，我们会进入一个侏罗纪时期的场景当中，那里还会出现一只会跳芭蕾舞的恐龙！其实如果你愿意的话，你可以让一些非常特别的角色出现在接下来的每一个场景里，而你只需要在角色列表中将他们选择出来就好了。

1 首先，点击背景按钮。

2 并按顺序选择这些背景。

3 然后点击角色按钮。

4 并选择这两个角色。

这两个角色都拥有一些不同的造型，而我们也将会在接下来的编程中使用到它们。小猫的造型A和造型B可以让它模拟走路的动作；而恐龙的造型A、造型B、造型C和造型D则能让它模仿跳舞的姿态。

Bedroom3（卧室3）

Colorful City（彩色城市）

School（学校）

Basketball1（篮球1）

Desert（沙漠）

Jurassic（侏罗纪）

Forest（森林）

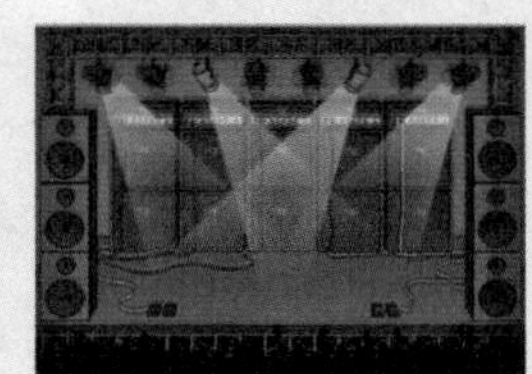
Concert（音乐会）

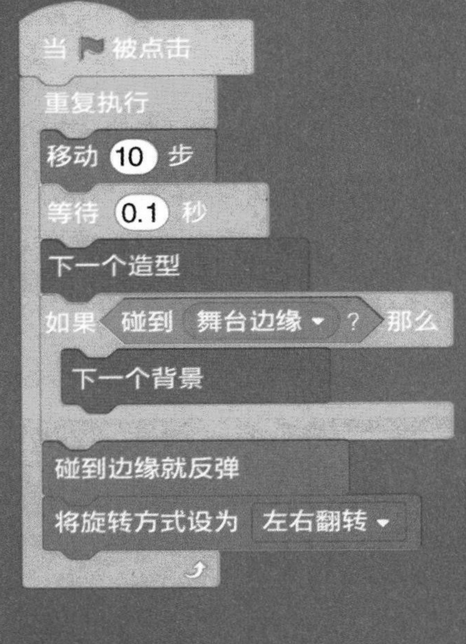

这些就是应用在小猫身上的代码。当你点击小绿旗时，所有的程序就会开始运行。

在控制指令“重复执行”中，我们添加了可以让小猫模仿走路动作的积木（移动10步、等待0.1秒、下一个造型），以及在小猫碰到舞台边缘时可以切换到下一个背景的积木：这时，背景会变换，而小猫也会向后转身，穿过新的背景。

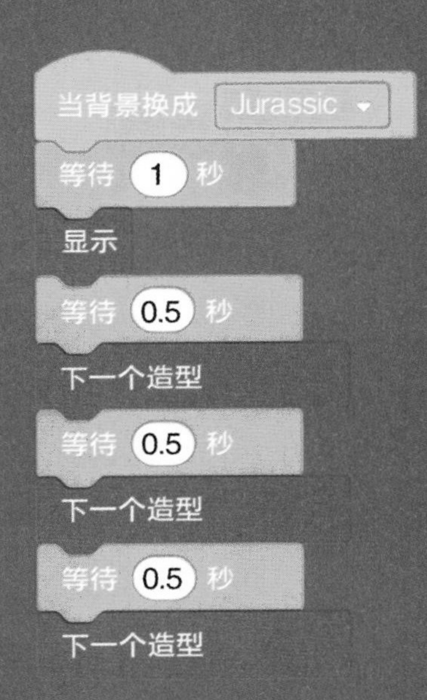


```
当背景换成 Forest
隐藏
```

这些就是应用在恐龙身上的代码（但是它们也同样适用于任何一个你想要添加到其他场景中的角色：你只需要更改背景的名称就可以了）。

第一个积木序列会让恐龙隐藏起来，直到背景换成了Jurassic（侏罗纪）。

第二个积木序列会让恐龙在正确的时间点出现，并让它“跳起芭蕾”。

第三个积木序列则会让恐龙在接下来的徒步之旅中彻底消失，不再出现。

小球和球拍

练习 6

你想知道历史上最著名的一款小游戏是如何编程的吗？下面，你将学习如何模仿编程Pong——这个最有名的小球和球拍的游戏！

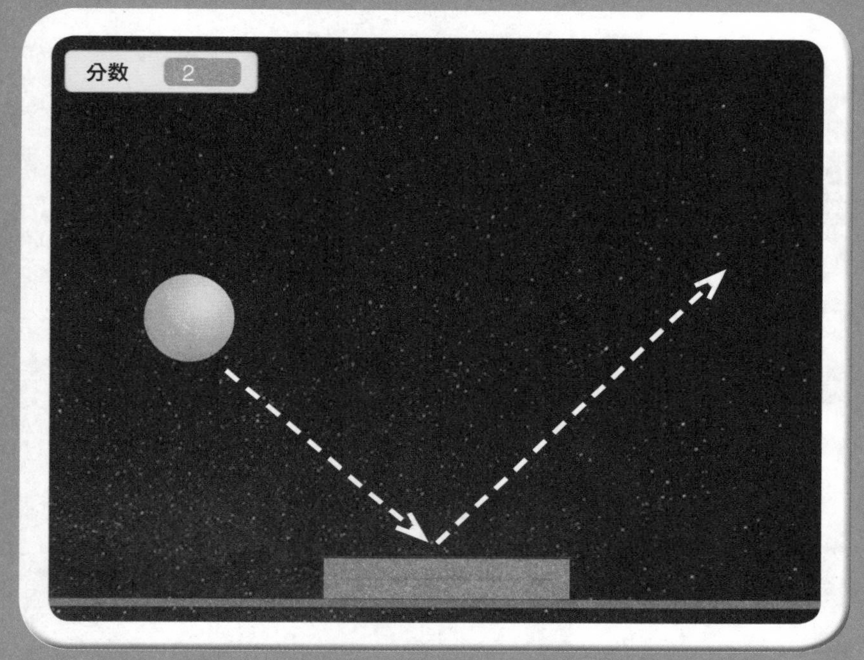

一个撞到墙壁就会反弹的小球：每次当它碰到红色的底线时，位于画面左上角的计分器就会自动增加1分。当分数累积达到50分时，游戏就结束了。为了避免让小球触碰到红线，你可以使用键盘上的左移键和右移键来移动绿色的球拍。

首先，点击背景按钮。

并选择Stars（星星）这个背景。

然后再点击角色按钮。

并选择这两个物体。

使用背景菜单，在靠近背景底部的位置画一条红线吧！然后把它保存下来。

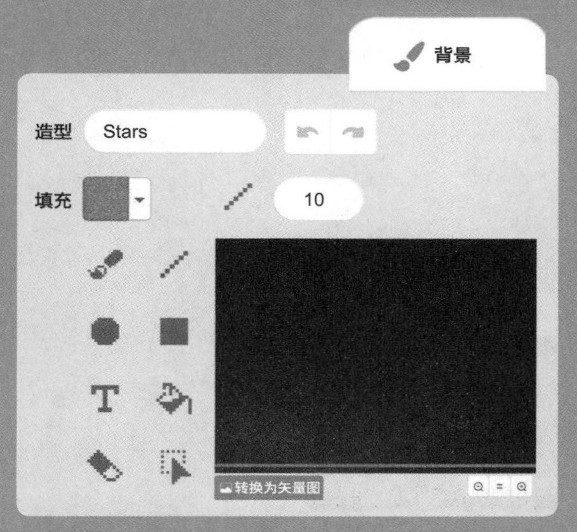

```
当 🏳 被点击
重复执行
  如果 〈按下 → 键?〉 那么
    移动 10 步
  如果 〈按下 ← 键?〉 那么
    移动 -10 步
```

这些就是应用在球拍上的代码。如果你按下右移键，球拍就会向右移动；如果你按下左移键，那么它就会向左移动。

这些就是应用在小球上的代码。第1个序列控制着小球的移动，以及当它碰到舞台边缘和球拍时所触发的反弹动作；第2个序列将分数的上限调整到50；第3个序列调控着小球的反弹及分数：小球每碰到一次红线，分数就会增加1分。

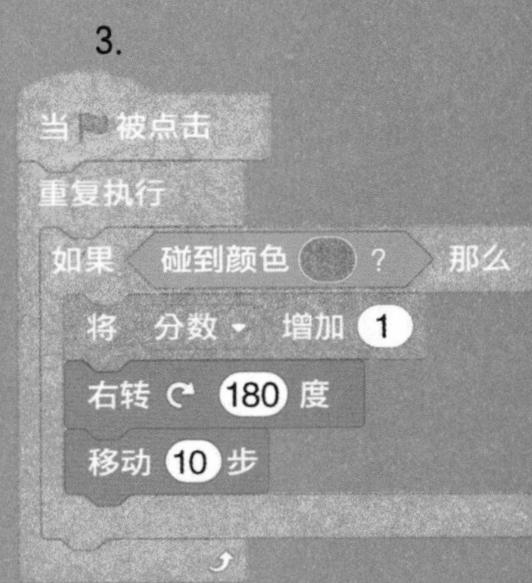

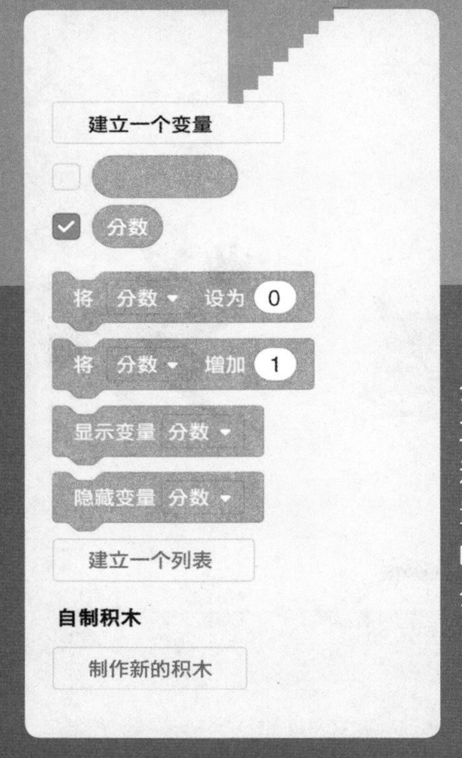

值得注意的是，这里的分数是一个需要你自己去建立的变量。点击代码列表，选择变量，点击建立一个变量，然后填写出现在屏幕上的表格，并为新变量取名为分数。

一起跳舞吧！

练习 7

让你的朋友们像在舞厅里那样跳舞吧！

一名Ballerina（芭蕾舞女演员）位于舞台的正中央，而你的两个朋友则站在她的两侧，随时准备为她伴舞。这就是游戏的初始画面。游戏的背景就像一个舞台，当他们三个人开始跳舞时，背景还会跟着一起变换颜色和明暗。

只要你点击这三个人物，他们就会立刻舞动起来。与此同时，位于Ballerina两侧的Casey和Ben（人名），则会变成两个阴影，这就如同当舞厅里的聚光灯全部打到舞台上时，周围的一切都会随之变暗一样！

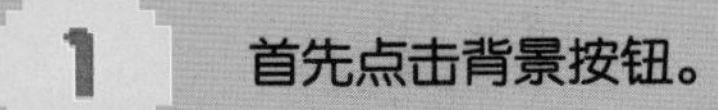

1 首先点击背景按钮。

2 并选择这个背景Light（光）。

3 然后再点击角色按钮。

4 并选择这三个人物。

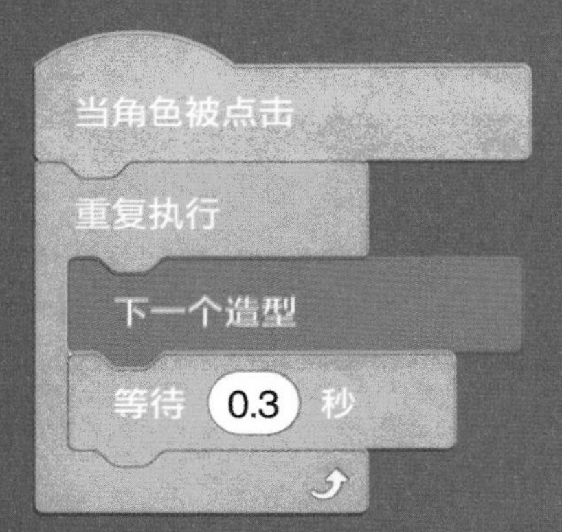

这些就是应用在Ballerina身上的代码。第一个指令意味着当你点击这个人物时，她就会自己动起来；第二个指令可以控制人物的动作，让她每隔0.3秒就变换一套造型。

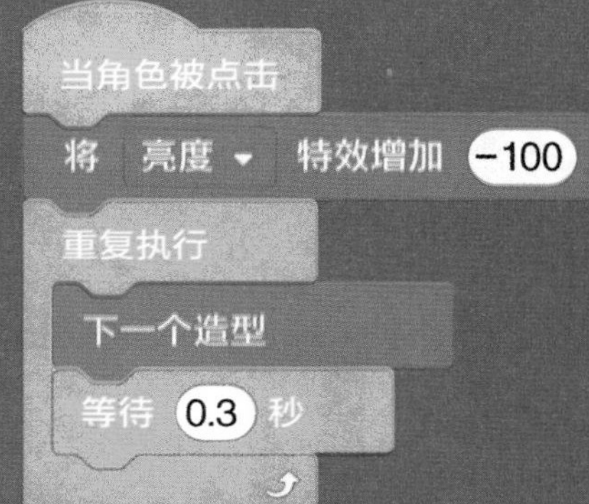

这些就是应用在Casey和Ben身上的代码。第一个指令意味着当你点击这个人物时，他们就会自己动起来；第二个指令可以让人物变成一个阴影；第三个指令可以控制人物的动作，让他们每隔0.3秒就变换一套造型。

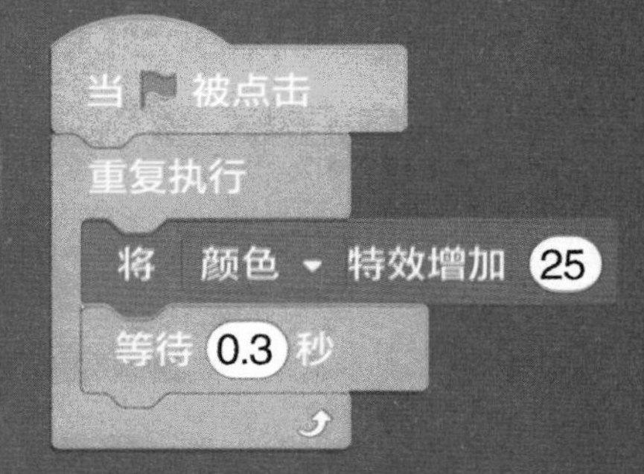

这些就是应用在背景上的代码。它们可以让背景每隔0.3秒就变换一次颜色，从而为它增添了一种只有在舞台上才能欣赏到的光影效果。

值得注意的是，这个背景效果只有在你点击了小旗子后才会开始，因此它与舞蹈是否开始是没有任何关系的。

换件衣服吧！

练习
8

天啊！我们的角色Harper（人名）还只穿着内衣呢！快去挑选几件适合她的衣服给她穿上吧！

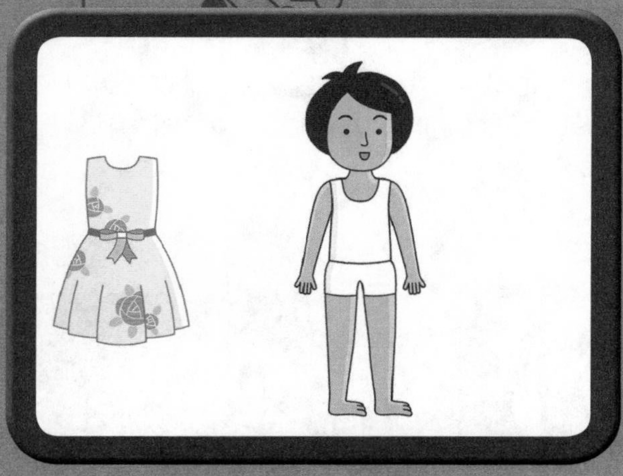

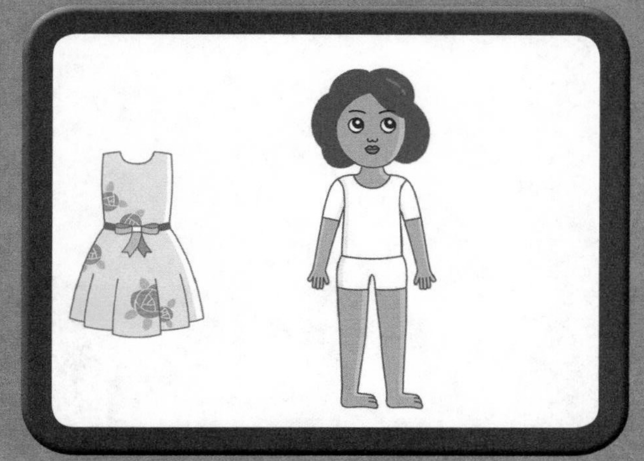

你可以先用Harper练练手，然后再换一个造型试试看。

同样地，你还可以通过改变衣服的造型，来为Harper选择另一件衣服，你只需要按一下右移键就可以轻松地挑选衣服了。

然后，点击你心仪的衣服，它就会自动穿在Harper的身上。如果你按下左移键，衣服则又会回到它原来的位置，继续等待你的挑选。

首先，为了不出错，你可以使用白颜色的背景。等你熟悉了这个小游戏的编程后，你就可以点击背景按钮，并选择一个你喜欢的背景了。

接着，点击角色按钮。

并选择这两个角色。

```
当按下 → 键
下一个造型
```

这些就是应用在衣服上的代码。第一个序列是用来变换造型的，因此你每按一下键盘上的右移键，衣服的外观就会跟着变换一次。

```
当角色被点击
移到x: 116 y: -6
移到最 前面
```

第二个序列可以在你点击衣服时，让它自动移动到人物的身上。需要注意的是，你可以随意更改这里的x值和y值：而它们的数值取决于你把人物放在了哪里。

```
当按下 ← 键
移到 x: -179 y: -6
```

第三个序列可以在你按下左移键时，让衣服重新回到它原来的位置上。这里的x值和y值也同样取决于你最初把衣服放在了哪里。

```
当角色被点击
下一个造型
```

这些就是应用在Harper身上的代码。当你点击Harper时，她的外观也会随之发生变换。

喂喂你的小宠物吧！

练习 9

你有一个需要投食的小宠物：Nano（宠物名）！下面我们将教你如何给它的午餐进行编程！

你的小宠物非常讨人喜欢，但也有些奇怪。尤其是它好像怎么喂也喂不饱！现在，在它的面前，有一个苹果、一颗草莓和一块杯子状蛋糕。

点击小绿旗，程序就开始了。然后，如果你把鼠标指针放在了其中的一种食物上，你就会看到你的小宠物也会跟着你来到那种食物面前，并且开始吃它！

接着，继续点击小绿旗，并把鼠标移动到另一种食物上，重复此操作，直到屏幕上的食物都被Nano消灭干净为止。Nano现在还饿吗？如果它还饿的话，你就把它拖回起始位置，并按下空格键。这样一来，刚刚被吃光的食物又会重新出现在屏幕上，而你的小宠物也能开始新一轮的进食啦！

首先，点击背景按钮。

2 并选择Forest（森林）这个背景。

然后点击角色按钮。

并选择这四个角色。

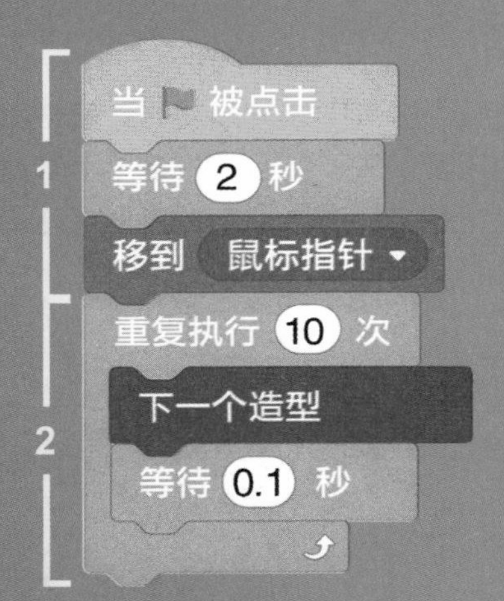

上方就是应用在你的小宠物Nano身上的代码。

第一个序列控制着角色的移动，也就是说，在你点击小旗子2秒钟后，Nano就会到达我们的鼠标指针所处的位置。

第二个序列调控着Nano的表情变化，而这样的变化是通过变换Nano的造型实现的。

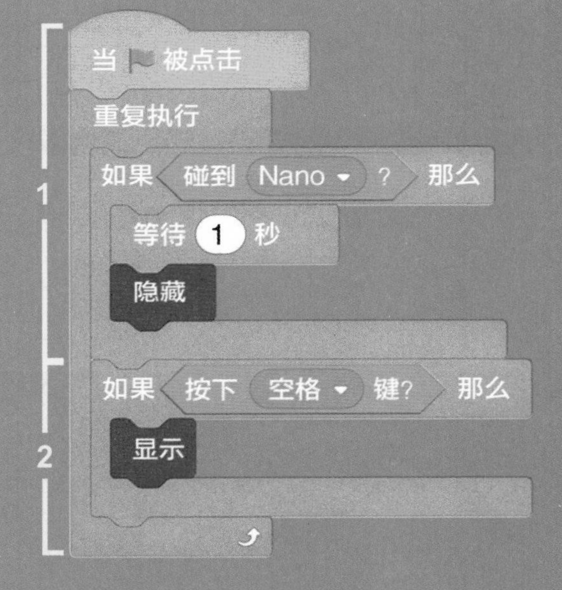

上方就是应用在食物上的代码。

第一个序列可以让食物在Nano出现在它身边（并吃掉它）时，就从屏幕上消失。

第二个序列意味着当Nano吃完午餐，接着又被我们拖回初始位置上时，只要我们按下空格键，之前消失的食物又会重新出现在屏幕上。

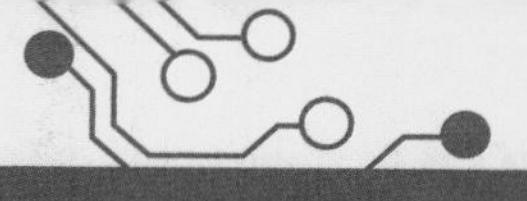

随机音乐

练习
10

你知道你可以在Scratch中使用多少种乐器吗？下面的这个小游戏将会让你有机会去演奏它们！

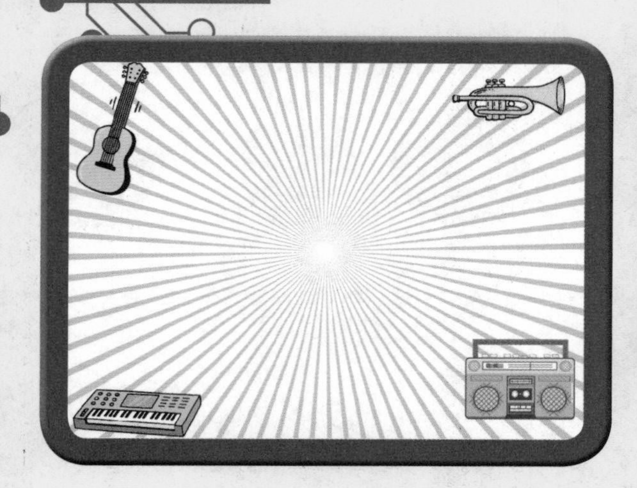

在一个稍微能引起观者幻觉的背景上，我们放置了三种乐器和一台老式复古收音机。

当我们点击其中一种乐器时，它就会自动移动到背景中央，并且开始随机弹奏音符（和一些特殊的声音）。与此同时，它还会变换外观。

1 首先，点击背景按钮。

2 并选择Rays（光线）背景。

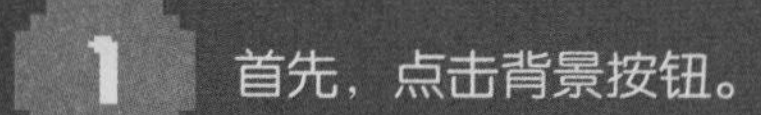

3 然后点击角色按钮。

4 并选择下面这四个物体。

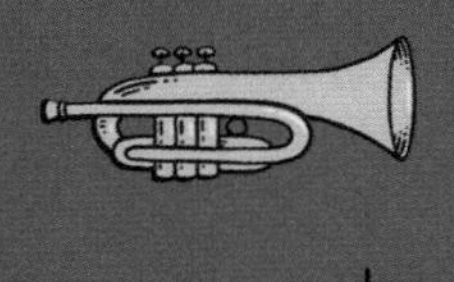

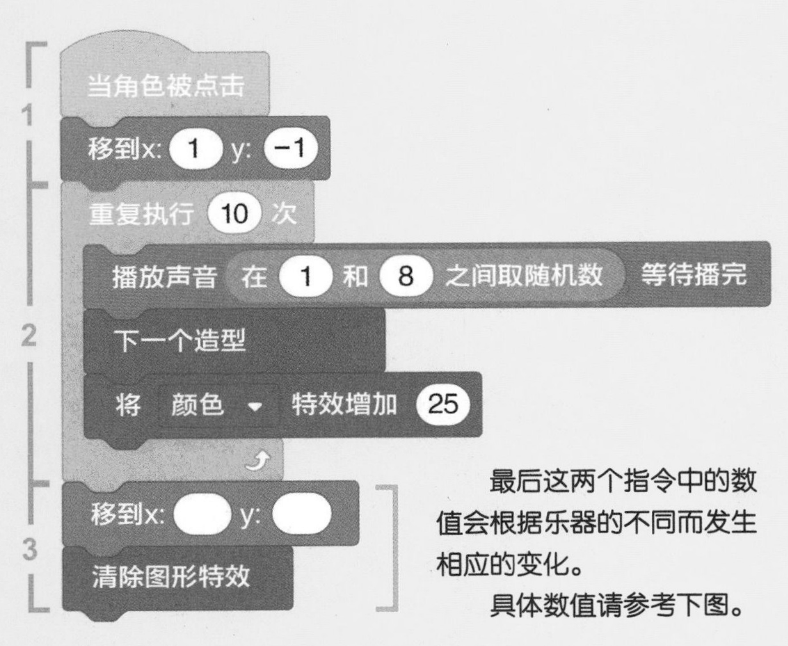

这些就是应用在每种乐器上的代码。第一个序列可以让乐器在被我们点击后，自动移动到场景的中央；第二个序列负责调节音符的随机声音及乐器外观的变换；第三个序列则会将乐器带回它的初始位置，并恢复乐器在正常状态下的外观。

最后这两个指令中的数值会根据乐器的不同而发生相应的变化。

具体数值请参考下图。

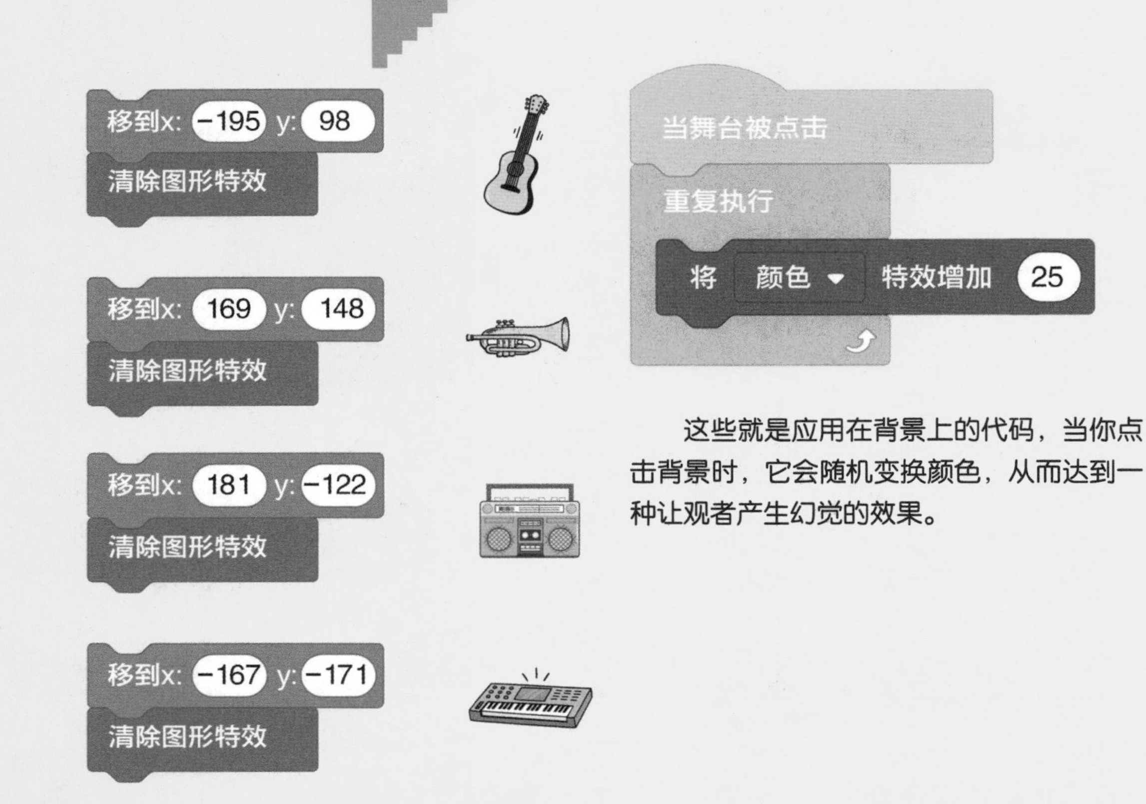

这些就是应用在背景上的代码，当你点击背景时，它会随机变换颜色，从而达到一种让观者产生幻觉的效果。

图书在版编目（CIP）数据

零基础学 Scratch / （意）阿尔贝托·贝尔托拉齐文；（意）萨科，（意）瓦拉利诺图；尉祎昕译. — 北京：北京时代华文书局，2020.9
（儿童编程思维训练书）
ISBN 978-7-5699-3781-7

Ⅰ. ①零… Ⅱ. ①阿… ②萨… ③瓦… ④尉… Ⅲ. ①程序设计－儿童读物 Ⅳ. ①TP311.1-49

中国版本图书馆 CIP 数据核字（2020）第 116942 号

北京市版权局著作权合同登记号：图字：01-2019-7682

Original titles:Coding for Kids - 10-12 years of age
Illustrator:Sacco and Vallarino
Author: Alberto Bertolazzi

儿 童 编 程 思 维 训 练 书
Ertong Biancheng Siwei Xunlian Shu

零基础学 Scratch
Ling Jichu Xue Scratch

著　　者｜［意］阿尔贝托·贝尔托拉齐 / 文
　　　　　［意］萨　科　［意］瓦拉利诺 / 图
译　　者｜尉祎昕

出 版 人｜陈　涛
策划编辑｜许日春
责任编辑｜沙嘉蕊
装帧设计｜九　野　孙丽莉
责任印制｜訾　敬

出版发行｜北京时代华文书局 http://www.bjsdsj.com.cn
　　　　　北京市东城区安定门外大街 138 号皇城国际大厦 A 座 8 层
　　　　　邮编：100011 电话：010-64263661 64261528
印　　刷｜北京盛通印刷股份有限公司　　电话：010-52249888
　　　　　（如发现印装质量问题，请与印刷厂联系调换）
开　　本｜787 mm×1092 mm　1/16　　印　　张｜3　　字　　数｜99 千字
版　　次｜2022 年 9 月第 1 版　　印　　次｜2022 年 9 月第 1 次印刷
书　　号｜ISBN 978-7-5699-3781-7
定　　价｜30.00 元